# Welcome

Thank you for choosing **Page A Day Math**, a great way to introduce essential math basics and writing numbers. Page A Day Math books help your child develop a solid math foundation through daily step-by-step practice, repetition, and of course, the friendly Math Squad!

How to Use This Book
1. Student traces and solves each problem, completing a page a day, front and back.
2. Parent checks answers and circles incorrect problems.
3. Student corrects errors.
4. Student colors in achievement stars each day when finished!

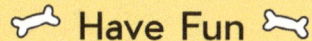 Have Fun

Copyright © 2017 by Page A Day Math. All rights reserved. Published by Page A Day Math LLC. Page A Day Math with the Math Squad is a trademark of Page A Day Math. Page A Day Math and Page A Day Math with the Math Squad and all associated logos are trademarks and/or registered trademarks of Page A Day Math LLC.

ISBN – 978-1-947286-07-8

No part of this publication may be reproduced, stored in a retrieval system, or transmitted in any form or by any means, electronic, mechanical, photocopying, recording, or otherwise, without written permission from the publisher. For information regarding permission, write to Page A Day Math, Attention: Permission Department, 6890 E Sunrise Dr. Suite 120-203, Tucson, AZ 85750. Created and written by Janice Auerbach.

 **Getting Started**

This book belongs to _____

Dear Super Hero Math Student,

You can be a Math Squad Super Hero like Flo, Jo, Bo, Zo, and me! Practice every day and you'll be a math star too!

P.S. Check out what my math buddies and I are up to in the Math Squad Monthly at www.PageADayMath.com.

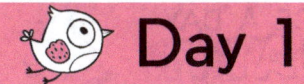 # Day 1

Count ➡ 0 + 🔢 = 🔢

Learn ➡ 0 + 8 = 8

Trace ➡ 0 + 8 = 8

Copy ➡ ☐ + ☐ = ☐

Jo says, "Practice and be a math star like me!"

1) 0 + 8 =
2) 7 + 10 =
3) 6 + 3 =
4) 1 + 7 =
5) 8 + 0 =

6) 8 + 5 =
7) 7 + 5 =
8) 9 + 7 =
9) 2 + 6 =
10) 0 + 8 =

© 2017 Page A Day Math, LLC

Day 1

Wow, you are learning fast. Here are a few more.

11) 0 + 8 =

12) 7 + 7 =

13) 4 + 7 =

14) 7 + 8 =

15) 8 + 0 =

16) 3 + 7 =

17) 7 + 10 =

18) 7 + 8 =

19) 1 + 7 =

20) 7 + 9 =

21) 7 + 4 =

22) 2 + 7 =

23) 7 + 5 =

24) 8 + 0 =

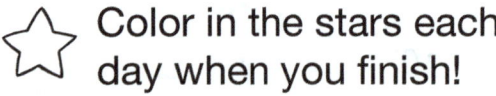
Color in the stars each day when you finish!

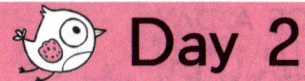 # Day 2

Count ⇨ 🦴 + 🦴🦴🦴🦴🦴🦴🦴🦴 = 🦴🦴🦴🦴🦴🦴🦴🦴🦴

Learn ⇨ 1 + 8 = 9

Trace ⇨ 1 + 8 = 9

Copy ⇨ ☐ + ☐ = ☐

You are on your way to success! Try these!

1) 1 + 8 =

2) 8 + 1 =

3) 7 + 7 =

4) 8 + 1 =

5) 7 + 10 =

6) 9 + 7 =

7) 1 + 8 =

8) 8 + 7 =

9) 7 + 6 =

10) 8 + 1 =

© 2017 Page A Day Math, LLC

3

Day 2

You are coming along. Practice makes perfect!

11) 1 + 8 =
12) 7 + 10 =
13) 6 + 7 =
14) 8 + 1 =
15) 7 + 7 =
16) 5 + 7 =
17) 1 + 8 =

18) 8 + 7 =
19) 1 + 7 =
20) 8 + 1 =
21) 2 + 7 =
22) 7 + 8 =
23) 3 + 7 =
24) 7 + 4 =

 Color in the stars each day when you finish!

Day 3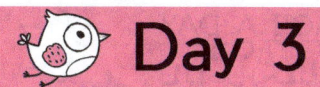

Count ⇨ ▯ + ▯▯ = ▯▯▯

Learn ⇨ 2 + 8 = 10

Trace ⇨ 2 + 8 = 10

Copy ⇨ ▢ + ▢ = ▢

Hurray! Keep going. You've got it.

1) 8 + 2 =
2) 2 + 8 =
3) 1 + 8 =
4) 0 + 7 =
5) 8 + 2 =

6) 8 + 1 =
7) 1 + 7 =
8) 2 + 8 =
9) 8 + 0 =
10) 7 + 5 =

Day 3

Alright! Now review what you have learned so far.

11) 2 + 8 =
12) 8 + 2 =
13) 5 + 7 =
14) 7 + 8 =
15) 8 + 2 =
16) 7 + 4 =
17) 1 + 8 =

18) 8 + 0 =
19) 2 + 8 =
20) 7 + 6 =
21) 9 + 7 =
22) 7 + 7 =
23) 8 + 2 =
24) 7 + 3 =

 Color in the stars each day when you finish!

Day 4 Review

Practice makes perfect. That's right!

1) 10 + 7 =

2) 5 + 5 =

3) 9 + 4 =

4) 8 + 7 =

5) 5 + 4 =

6) 4 + 10 =

7) 7 + 7 =

8) 4 + 4 =

9) 7 + 4 =

10) 6 + 5 =

11) 4 + 8 =

12) 9 + 7 =

13) 2 + 8 =

14) 4 + 6 =

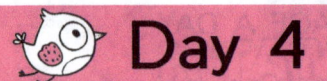 # Day 4 Review

Keep practicing! You are getting better each day. Woof!

15) 10 + 6 = ☐

22) 6 + 6 = ☐

16) 5 + 7 = ☐

23) 8 + 5 = ☐

17) 7 + 3 = ☐

24) 9 + 6 = ☐

18) 3 + 3 = ☐

25) 4 + 3 = ☐

19) 8 + 6 = ☐

26) 5 + 10 = ☐

20) 5 + 9 = ☐

27) 3 + 5 = ☐

21) 6 + 3 = ☐

28) 6 + 7 = ☐

 Color in the stars each day when you finish!

Day 5

Count ⇨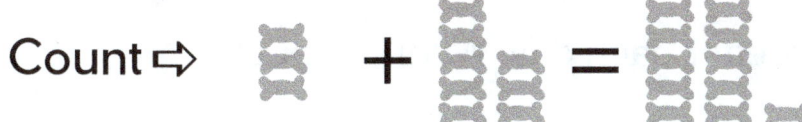

Learn ⇨ 3 + 8 = 11

Trace ⇨ 3 + 8 = 11

Copy ⇨

You are doing so well. Keep it up. Terrific!

1) 3 + 8 =

2) 8 + 3 =

3) 7 + 7 =

4) 3 + 8 =

5) 6 + 7 =

6) 0 + 8 =

7) 8 + 2 =

8) 3 + 8 =

9) 1 + 8 =

10) 4 + 7 =

Day 5

You are getting better each day. Woof. Yippee!

11) 8 + 3 =

12) 7 + 4 =

13) 3 + 8 =

14) 6 + 7 =

15) 8 + 1 =

16) 7 + 8 =

17) 8 + 3 =

18) 8 + 2 =

19) 7 + 9 =

20) 5 + 7 =

21) 3 + 8 =

22) 7 + 3 =

23) 2 + 7 =

24) 8 + 0 =

 **Day 6**

Count ➪

Learn ➪ 4 + 8 = 12

Trace ➪ 4 + 8 = 12

Copy ➪

Jo says, "Try these...woof...go for it!"

1) 4 + 8 =

2) 8 + 4 =

3) 1 + 8 =

4) 8 + 3 =

5) 4 + 8 =

6) 2 + 8 =

7) 0 + 8 =

8) 8 + 4 =

9) 1 + 8 =

10) 3 + 8 =

Day 6

You are on the right track. Hurray! Keep it up!

11) 4 + 8 =

12) 8 + 2 =

13) 7 + 10 =

14) 8 + 4 =

15) 6 + 7 =

16) 7 + 5 =

17) 4 + 8 =

18) 8 + 3 =

19) 9 + 7 =

20) 8 + 4 =

21) 7 + 8 =

22) 8 + 1 =

23) 3 + 8 =

24) 0 + 8 =

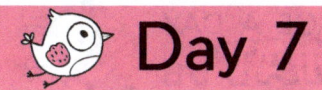

Day 7

Count ⇨

Learn ⇨ 5 + 8 = 13

Trace ⇨ 5 + 8 = 13

Copy ⇨

OK, now try these. Flo knows you can do it.

1) 5 + 8 =

2) 8 + 5 =

3) 4 + 8 =

4) 8 + 1 =

5) 5 + 8 =

6) 3 + 8 =

7) 5 + 8 =

8) 8 + 3 =

9) 8 + 2 =

10) 8 + 5 =

Day 7

Terrific! Good for you. Now finish these.

11) 5 + 8 =
12) 1 + 8 =
13) 8 + 5 =
14) 2 + 8 =
15) 8 + 4 =
16) 0 + 8 =
17) 5 + 8 =

18) 3 + 8 =
19) 8 + 2 =
20) 8 + 5 =
21) 3 + 8 =
22) 5 + 3 =
23) 8 + 4 =
24) 2 + 8 =

Day 8 Review

I'm happy to see you working like that. Yay!

1) 5 + 8 =

2) 2 + 2 =

3) 9 + 3 =

4) 8 + 4 =

5) 4 + 10 =

6) 4 + 4 =

7) 1 + 8 =

8) 8 + 2 =

9) 5 + 4 =

10) 4 + 6 =

11) 10 + 3 =

12) 4 + 4 =

13) 3 + 8 =

14) 7 + 4 =

 # Day 8 Review

You are a super hero math star. Wonderful!

15) 4 + 3 =
16) 1 + 10 =
17) 4 + 6 =
18) 7 + 3 =
19) 2 + 9 =
20) 8 + 6 =
21) 10 + 2 =

22) 2 + 6 =
23) 7 + 4 =
24) 5 + 8 =
25) 3 + 3 =
26) 2 + 8 =
27) 8 + 5 =
28) 7 + 2 =

Day 9

Count ⇨ + 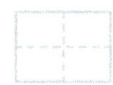 =

Learn ⇨ 6 + 8 = 14

Trace ⇨ 6 + 8 = 14

Copy ⇨ ☐ + ☐ = ☐

You are really improving. Woof-woof.

1) 6 + 8 = ☐

2) 8 + 6 = ☐

3) 8 + 4 = ☐

4) 5 + 8 = ☐

5) 1 + 8 = ☐

6) 3 + 8 = ☐

7) 2 + 8 = ☐

8) 8 + 4 = ☐

9) 8 + 3 = ☐

10) 5 + 8 = ☐

Day 9

Super! You are doing so well. Yay!

11) 6 + 8 =
12) 8 + 7 =
13) 3 + 8 =
14) 8 + 6 =
15) 7 + 5 =
16) 7 + 10 =
17) 5 + 8 =

18) 2 + 8 =
19) 8 + 6 =
20) 9 + 7 =
21) 8 + 4 =
22) 7 + 6 =
23) 1 + 8 =
24) 6 + 8 =

 # Day 10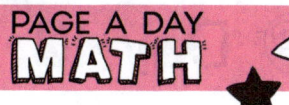

Count ⇨ 🦴🦴🦴🦴🦴🦴🦴 + 🦴🦴🦴🦴🦴🦴🦴🦴 = 🦴🦴🦴🦴🦴🦴🦴🦴🦴🦴🦴🦴🦴🦴🦴

Learn ⇨ 7 + 8 = 15

Trace ⇨ 7 + 8 = 15

Copy ⇨ ☐ + ☐ = ☐

You are so determined. Good for you! Arf-arf!

1) 7 + 8 = ☐   6) 8 + 3 = ☐

2) 8 + 7 = ☐   7) 7 + 8 = ☐

3) 2 + 8 = ☐   8) 8 + 5 = ☐

4) 8 + 6 = ☐   9) 4 + 8 = ☐

5) 7 + 8 = ☐   10) 8 + 7 = ☐

Day 10

You are improving every day. Your effort is impressive!

11) 7 + 8 =

12) 1 + 8 =

13) 8 + 7 =

14) 5 + 8 =

15) 6 + 8 =

16) 2 + 8 =

17) 7 + 8 =

18) 4 + 8 =

19) 0 + 8 =

20) 8 + 7 =

21) 3 + 8 =

22) 8 + 5 =

23) 4 + 8 =

24) 8 + 3 =

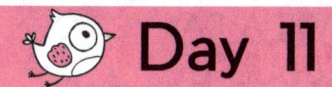 Day 11

Count ⇨ + =

Learn ⇨ 8 + 8 = 16

Trace ⇨ 8 + 8 = 16

Copy ⇨

You have learned so much. Great job. Now try these.

1) 8 + 8 =

2) 8 + 4 =

3) 8 + 8 =

4) 6 + 8 =

5) 8 + 8 =

6) 8 + 7 =

7) 7 + 6 =

8) 8 + 5 =

9) 7 + 8 =

10) 8 + 6 =

© 2017 Page A Day Math, LLC

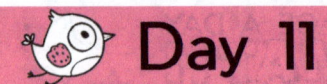 # Day 11

You make it look easy. Way to go. You are awesome.

11) 8 + 8 = ☐   18) 7 + 8 = ☐

12) 8 + 4 = ☐   19) 8 + 5 = ☐

13) 1 + 8 = ☐   20) 8 + 8 = ☐

14) 8 + 8 = ☐   21) 8 + 6 = ☐

15) 6 + 8 = ☐   22) 5 + 8 = ☐

16) 3 + 8 = ☐   23) 2 + 8 = ☐

17) 8 + 8 = ☐   24) 8 + 7 = ☐

Day 12 Review

You are a math star! Tremendous. Try these.

1) 8 + 4 =

2) 5 + 7 =

3) 6 + 10 =

4) 8 + 8 =

5) 7 + 4 =

6) 2 + 7 =

7) 5 + 8 =

8) 6 + 8 =

9) 3 + 7 =

10) 8 + 2 =

11) 6 + 7 =

12) 2 + 6 =

13) 7 + 1 =

14) 8 + 7 =

Day 12 Review

You have it now. Keep up the super effort. Go for it.

15) 7 + 7 =

16) 6 + 5 =

17) 1 + 6 =

18) 3 + 8 =

19) 8 + 6 =

20) 7 + 9 =

21) 4 + 6 =

22) 6 + 7 =

23) 8 + 2 =

24) 7 + 8 =

25) 6 + 9 =

26) 10 + 7 =

27) 6 + 3 =

28) 8 + 1 =

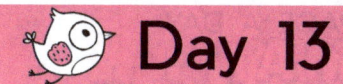

Day 13

Count ⇨ 🦴🦴 + 🦴🦴 = 🦴🦴🦴

Learn ⇨ 9 + 8 = 17

Trace ⇨ 9 + 8 = 17

Copy ⇨ ☐ + ☐ = ☐

You have the hang of it. You're great at math!

1) 9 + 8 =

2) 8 + 9 =

3) 8 + 6 =

4) 8 + 8 =

5) 9 + 8 =

6) 5 + 8 =

7) 8 + 9 =

8) 8 + 7 =

9) 8 + 4 =

10) 9 + 8 =

Day 13

Nice going. You can be very proud of yourself. Wow!

11) 9 + 8 =

12) 8 + 6 =

13) 3 + 8 =

14) 8 + 9 =

15) 4 + 8 =

16) 8 + 2 =

17) 9 + 8 =

18) 8 + 7 =

19) 2 + 8 =

20) 8 + 9 =

21) 5 + 8 =

22) 3 + 8 =

23) 8 + 8 =

24) 8 + 7 =

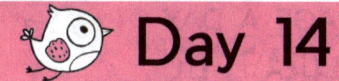 Day 14

Count ⇨ 🦴🦴 + 🦴 = 🦴🦴🦴

Learn ⇨ 10 + 8 = 18

Trace ⇨ 10 + 8 = 18

Copy ⇨ ☐ + ☐ = ☐

You are almost finished with this book! Fantastic.

1) 10 + 8 =

2) 8 + 10 =

3) 5 + 8 =

4) 8 + 6 =

5) 10 + 8 =

6) 7 + 8 =

7) 4 + 8 =

8) 10 + 8 =

9) 8 + 7 =

10) 9 + 8 =

Day 14

Last page! Hurray. You earned a certificate. Super!

11) 10 + 8 =

12) 4 + 8 =

13) 8 + 8 =

14) 8 + 10 =

15) 8 + 7 =

16) 8 + 6 =

17) 10 + 8 =

18) 7 + 8 =

19) 3 + 8 =

20) 8 + 10 =

21) 5 + 8 =

22) 8 + 2 =

23) 9 + 8 =

24) 8 + 3 =

Certificate

HURRAY! YOU ARE A MATH STAR!

THE MATH SQUAD CONGRATULATES _____
FOR COMPLETING **ADDITION AND COUNTING, BOOK 8.**

www.ingramcontent.com/pod-product-compliance
Lightning Source LLC
Chambersburg PA
CBHW081403080526
44588CB00016B/2579